FORSCHUNGSBERICHT DES LANDES NORDRHEIN-WESTFALEN

Nr. 2598/Fachgruppe Maschinenbau/Verfahrenstechnik

Herausgegeben im Auftrage des Ministerpräsidenten Heinz Kühn
vom Minister für Wissenschaft und Forschung Johannes Rau

Prof. Dr. techn. Franz Pischinger
Dipl.-Ing. Bertold Engels
Lehrstuhl für Angewandte Thermodynamik
der Rhein.-Westf. Techn. Hochschule Aachen

Der Einfluß des Wärmeüberganges auf die Durchflußzahlen der Steuerorgane von Verbrennungsmotoren

WESTDEUTSCHER VERLAG 1977

© 1977 by Westdeutscher Verlag GmbH, Opladen
Gesamtherstellung: Westdeutscher Verlag

ISBN-13: 978-3-531-02598-8   e-ISBN-13: 978-3-322-88359-9
DOI: 10.1007/978-3-322-88359-9

Inhaltsverzeichnis
<hr>

1. Einleitung

Die Optimierung des Ladungswechsels von Verbrennungsmotoren
mit den gebräuchlichen experimentellen Methoden ist wegen der
Vielzahl von Einflußgrößen mit erheblichem Aufwand verbunden.
Aufgrund der starken Abhängigkeit von Leistung und Wirtschaft-
lichkeit von der Güte des La.ungswechsels ist eine Optimierung jedoch unumgänglich. Hieraus erklärt sich das Bestreben,
neben dem Arbeitsprozeß im Zylinder auch den Ladungswechsel
rechnerisch zu erfassen. Die bisher entwickelten Rechenverfahren basieren auf Modellvorstellungen und benötigen für
die rechnerische Nachbildung des Ladungswechsels reelle Randbedingungen. Von der Genauigkeit dieser Randbedingungen hängt
die Aussagekraft der Rechnung wesentlich ab, so daß diese im
allgemeinen am realen Modell experimentell bestimmt werden.

Für die Berechnung des Ladungswechsels von Verbrennungsmotoren ist die Gasströmung durch die Steuerorgane von be-
sonderem Interesse. Die Einflüsse von Reibung, Strömungsein-
schnürung, Drall usw. werden meist summarisch mit der Durchflußzahl erfaßt. Unter der Durchflußzahl wird hier das Ver-
hältnis von wirklich durchgesetztem Massenstrom zu einem
Massenstrom bei isentroper Zustandsänderung durch einen Bezugsquerschnitt verstanden. Als Bezugsquerschnitt dient im
Motorenbau die Kolbenfläche.

2. Stand der Erkenntnisse

Zur Berechnung der Strömungsvorgänge in den Frischgas- und
Abgasleitungen von Verbrennungsmotoren sowie durch deren
Steuerorgane existieren Rechenverfahren /1, 2, 3/, welche
stationär ermittelte Durchflußzahlen für die Steuerorgane
als Randbedingung benutzen.

Die Verwendung stationär ermittelter Durchflußzahlen wurde
zunächst von Jenny /4/ begründet, der die instationäre
Drosselströmung durch eine quasistationäre Betrachtungsweise
ersetzte. Hadlatsch /5/ sieht die Strömung innerhalb der
Drossel für die Dauer eines Rechenschrittes als stationär
an, da bei geringer endlicher Ausdehnung der Unstetigkeits-
stelle die Zeit zur Druckänderung wesentlich geringer ist
als die Zeit, die der Rechenschritt umfaßt. Zeller /6/ begründet hiermit die Verwendung stationär gemessener Durchflußzahlen zur Berechnung von Durchgang und Reflexion von
Einzelwellen großer Amplitude an Drosseln. Mayr /7/ wies
nach, daß Instationärvorgänge an Unstetigkeitsstellen mittels
stationär bestimmter Durchflußzahlen behandelt werden können.

Nach F. Pischinger /8/ ist es weiterhin üblich, den Durch-
fluß durch das Ventil mit stationären Durchflußzahlen zu be-
handeln, auch wenn der Gasströmung im Ventilquerschnitt ein
Drall aufgeprägt ist.

Es ist somit als Stand der Technik anzusehen, daß stationär
gemessene Durchflußzahlen als Randbedingung für Ladungswechseluntersuchungen dienen.

Bei den genannten Untersuchungen wurde zur Ermittlung der stationären Durchflußzahlen stets mit kalter Luft gearbeitet. Der
Einfluß des Wärmeüberganges zwischen strömendem Medium und
begrenzendem Bauteil unmittelbar im Bereich der Drosselstelle
auf den Strömungswiderstand wurde vernachlässigt.

Obwohl List /9/ schon früh darauf hinwies, daß ein großer
Teil der während eines Arbeitsspiels übergehenden Wärme
während des Ausschiebens einschließlich Vorauslaß über-
tragen wird, sind bisher die nur die Wärmeübergangsverhält-
nisse im Zylinder /10, 11, 12/ und in den Strömungskanälen
/13/ behandelt worden.

Erst in neuerer Zeit wurde eine Arbeit von Lanz/Koller /14/
bekannt, in welcher der Einfluß des Wärmeüberganges auf die
Durchflußbeiwerte im gekühlten Zylinderkopf untersucht wurde. In
der Annahme, daß die extremsten Verhältnisse in bezug auf Tempera-
tur, Strömungsgeschwindigkeiten, Temperaturgefälle und Wärmeübergang während der Auslaßphase vorliegen, bestimmte man die
Durchflußbeiwerte eines Auslaßventils mittels heißer Luft bei
stark gekühltem Zylinderkopf. Als weiterer Parameter neben
Lufttemperatur und Ventilhub diente das Druckverhältnis der
Drücke vor und nach dem Ventil. Das Ergebnis der Untersuchungen
zeigt einen für die Praxis nur unbedeutenden Einfluß auf die
effektiven Durchflußquerschnitte und damit auf die Durchflußzahlen.

3. Aufgabenstellung

Bei der Berechnung des Ladungswechselvorganges sind stationär
ermittelte Durchflußzahlen die einzige reale Randbedingung,
die zur Beschreibung der instationären Gasströmung durch die
Steuerorgane benötigt werden. Nach dem heutigen Stand der
Erkenntnisse ist der Einfluß des Wärmeüberganges auf die Durchflußzahl für die Auslaßseite praktisch vernachlässigbar /14/.

Für die Einlaßseite liegt jedoch ein anderer Mechanismus vor,
der sich durch die entgegengesetzte Richtung des Wärmestromes
im Vergleich zur Auslaßseite auszeichnet. Dieser Wärmestrom
bewirkt eine Aufheizung des einlaßseitigen Gasstromes. Die
Auswirkungen auf den durchgesetzten Massenstrom sind:

- Eine Erhöhung des spezifischen Volumens. Dies ist gleich-
  bedeutend mit einer Verringerung der Dichte und damit
  Minderung des Massenstromes.

- Eine Erhöhung der Zähigkeit. Dies führt wegen größerer
  Reibungsverluste in der Strömung zu einer Verringerung
  des Durchflusses und damit ebenfalls zu einer Minderung
  des Massenstromes.

- Eine Erhöhung der Wärmeleitfähigkeit. Dies verstärkt die
  Wirkung der beiden erstgenannten Einflüsse indirekt durch
  stärkere Temperaturerhöhung infolge besseren Wärmetrans-
  portes.

Es ist nach den diskutierten Einflüssen der Temperaturerhöhung
auf die Stoffeigenschaften zu erwarten, daß sich bei Wärmeübergang vom begrenzenden Bauteil auf strömendes Medium der Mengen-
strom durch die Drosselstelle verringert. Ohne Wärmeübergang ermittelte Durchflußzahlen ergäben für die Einlaßseite ein zu
günstiges Durchströmverhalten durch die Drosselstelle.

Die Aufgabenstellung kann daher wie folgt präzisiert
werden:

- Die Temperaturverhältnisse am Ventil sind näherungsweise zu
  simulieren, um eine dem realen Betrieb ähnliche Temperatur-
  verteilung zu erreichen. Hierzu sind neben einer geeigneten
  Beheizung des Ventils die Temperaturen am Sitz und in der
  Hohlkehle zu messen. Einlaßventile erreichen Temperaturen
  von 300 bis 500 ^{o}C /15/. Die Ventilbeheizung und die Tempe-
  raturmessung sollen daher für eine Ventilsitztemperatur von
  500 ^{o}C ausgelegt sein.

- Der durchgesetzte Massenstrom ist möglichst genau zu bestimmen,
  da sich der Wärmeübergang direkt auf die Größe des Massenstromes auswirkt.

- Der Ventilhub ist neben der Sitztemperatur des Ventils der
  wichtigste Parameter bei der Bestimmung der Durchflußzahl.
  Die Messung muß exakt und unabhängig von der temperaturbe-
  dingten Längenänderung der Bauteile erfolgen.

- Die Untersuchungen sollen auch Aussagen bezüglich der Druck-
  abhängigkeit ermöglichen. Hierzu sind Versuche bei verschiedenen Druckverhältnissen über dem Ventil durchzuführen.

- Für den Fall praktisch bedeutsamer Unterschiede der Durchströmzahl bei kalter und warmer Messung sollen diese als
  Randbedingung in ein am Lehrstuhl für Angewandte Thermodynamik vorliegendes Rechenprogramm eingegeben werden.
  Mittels Rechnung ist der Füllungsunterschied zu bestimmen.

Als Versuchsobjekt dient die Zylindereinheit eines luftgekühlten Dieselmotors.

4. Definition der Durchflußzahl

Die Bestimmung der Durchflußzahl α_K erfolgt nach der Beziehung

$$\alpha_K = \frac{A_s}{A_K} \tag{1}$$

wobei die Kolbenfläche A_K als Bezugsgröße dient.
Der isentrope Strömungsquerschnitt A_s ist die Fläche, durch welche bei isentroper Zustandsänderung derselbe Massenstrom $\dot{m}$ wie in Wirklichkeit strömt.

$$\dot{m} = A_s \cdot c_s \cdot \rho_s \tag{2}$$

Schreibt man $c_s \cdot \rho_s$ um, so gilt bei idealen Gasen unter Vernachlässigung der Eintrittsgeschwindigkeit für A_s

$$A_s = \frac{\dot{m}}{p_1 \cdot \sqrt{\dfrac{2}{RT_1}} \cdot \sqrt{\dfrac{\kappa}{\kappa-1} \cdot \left[\left(\dfrac{p_2}{p_1}\right)^{2/\kappa} - \left(\dfrac{p_2}{p_1}\right)^{\frac{\kappa+1}{\kappa}} \right]}} \tag{3}$$

5. Prüfstand und Meßeinrichtungen

Zur experimentellen Untersuchung des Durchströmverhaltens eines
beheizten und unbeheizten Einlaßventiles wurde ein stationär
betriebener Prüfstand aufgebaut. Versuchsobjekt ist die Zylindereinheit eines luftgekühlten Dieselmotors.

In Bild 1 ist das Prüfstandsschema dargestellt. Hierin bedeuten:

(1) Kompressoranlage mit Sicherheitseinrichtungen und Bypass
    zur Druckregelung

(2) Umschaltventile zur Wahl einer bestimmten Meßblende

(3) Meßblenden

(4) Meßeinrichtung für Wirkdruck und statischen Druck einschließ-
    lich Umschaltventilen zur Wahl einer Meßblende entsprechend (2)

(5) Ventilhubmeßeinrichtung

(6) Brenner zur Ventilbeheizung

(7) Ventiltemperaturmeßstellen

(8) Meßeinrichtung für statische Drücke vor und nach dem Ventil

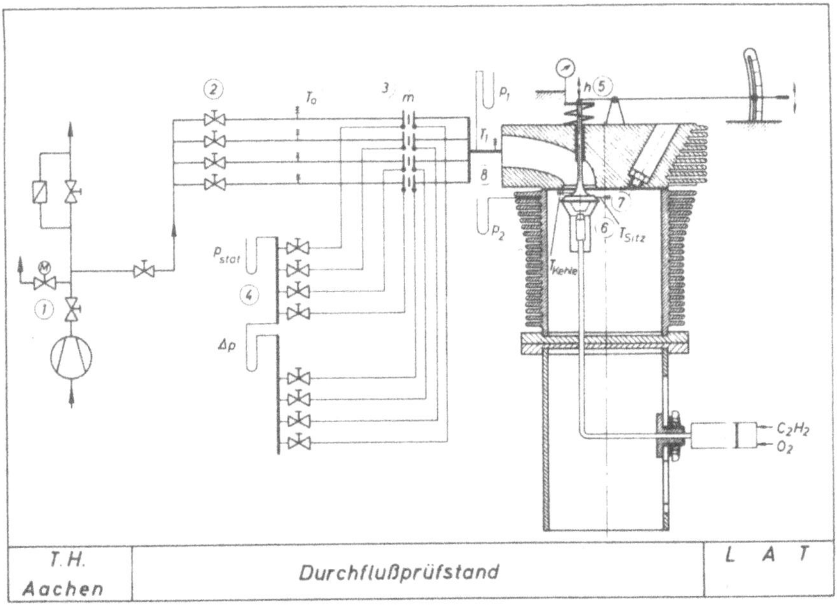

Bild 1

Die Luftmengenmessung erfolgt mittels Normblenden nach DIN 1952.
Die Meßstrecke umfaßt vier Normblenden, die sich im Auslegungs-
bereich aneinander anschließen. Der Ventilhub wird mit einer
Meßuhr als Differenz zwischen offenem und geschlossenem Zustand
ermittelt.

Zur Ventiltemperaturmessung dienen je drei in Reihe geschaltete
Thermoelemente in der Sitzzone und in der Hohlkehle, Bild 2.
Die Mantelthermoelemente mit einem Durchmesser von 0,5 mm sind
in Nuten in der Ventiloberfläche verlötet und werden am Schaft
herausgeführt.

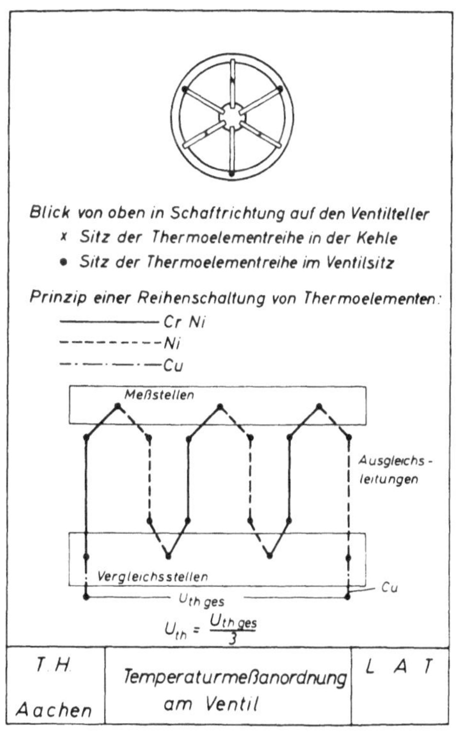

Bild 2

6. Meßergebnisse

Die Auswertung der Messungen wurde am institutseigenen Rechner
PDP 15/20 mit einem hierfür erstellten Rechenprogramm vorge-
nommen.

Die Meßergebnisse zeigen den prinzipiell bekannten Verlauf der
Durchströmzahl α_K in Abhängigkeit vom Ventilhub h, bei verschiedenen Druckverhältnissen π_V der Drücke vor zu nach dem Ventil,
Bilder 3 bis 7. Zunächst ein annähernd linearer Anstieg der
Kurve bei Öffnung des Ventils bis zu Ventilhüben von 3 bis 4 mm
und daran anschließend eine stetige Verringerung der Steigung
bis zum maximalen Ventilhub h_{max} = 11 mm.

Nach den Messungen bei kaltem Ventil wurden die Versuche mit der
maximalen Ventiltemperatur durchgeführt. Hierbei war eine Tempera-
tur von 500 $^\circ$C an der Ventilsitzfläche einzuhalten. Die sich
ergebenden Kurven sind für das jeweilige Druckverhältnis zu den
kalt gemessenen Kurven gezeichnet.

Bei den Druckverhältnissen π_V = 1,02; 1,1; 1,3 zeigt sich der
Einfluß des Wärmeüberganges in der erwarteten Weise. Über dem
gesamten Hubbereich liegt die Durchflußzahl bei heißem Ventil
unter der bei kaltem Ventil. Bei dem Druckverhältnis π_V = 1,5
ist der Unterschied der Durchflußzahlen so gering, daß die
Kurven praktisch aufeinanderliegen, Bild 6. Dies trifft ebenso
für das noch höhere Druckverhältnis π_V = 1,7 zu, Bild 7.

Eine zusammenfassende Darstellung der Einflußgrößen Ventilhub h, Druckverhältnis π_V und heißes oder kaltes Ventil auf
den Wert der Durchflußzahl α_K, gibt Bild 8. Oberhalb eines
Druckverhältnisses von π_V = 1,5 ist die Durchflußzahl bei
konstantem Ventilhub unabhängig vom Druckniveau, und auch der
Wärmeübergang vom heißen Ventil auf strömendes Medium ruft
keinen praktisch meßbaren Einfluß auf die Durchflußzahl mehr
hervor.

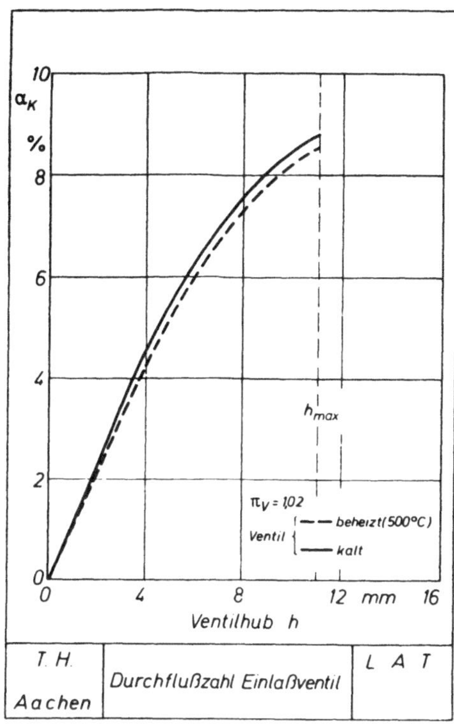

Bild 3

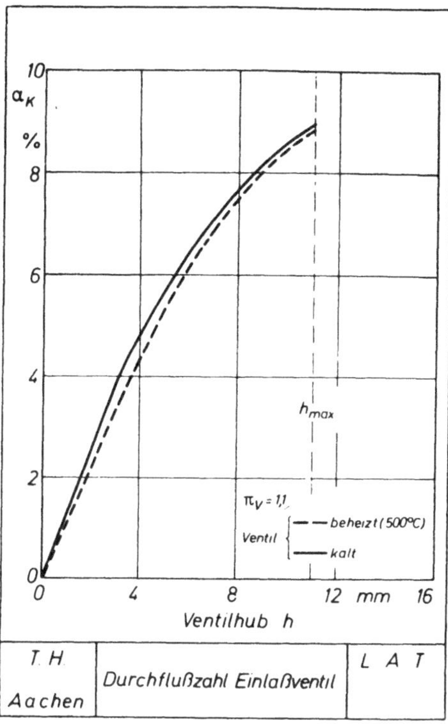

Bild 4

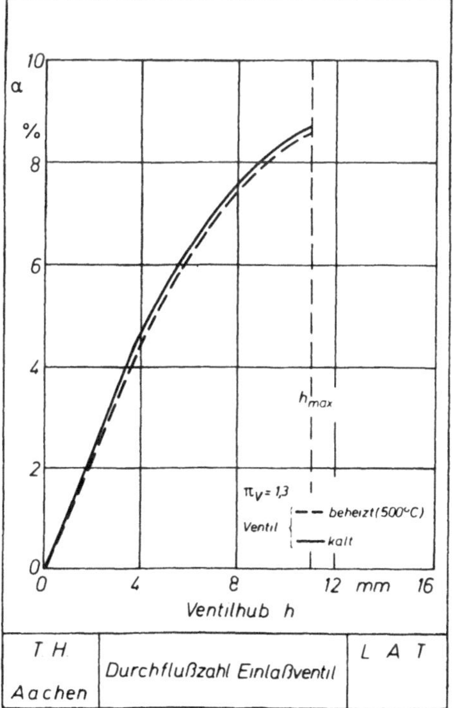

Bild 5

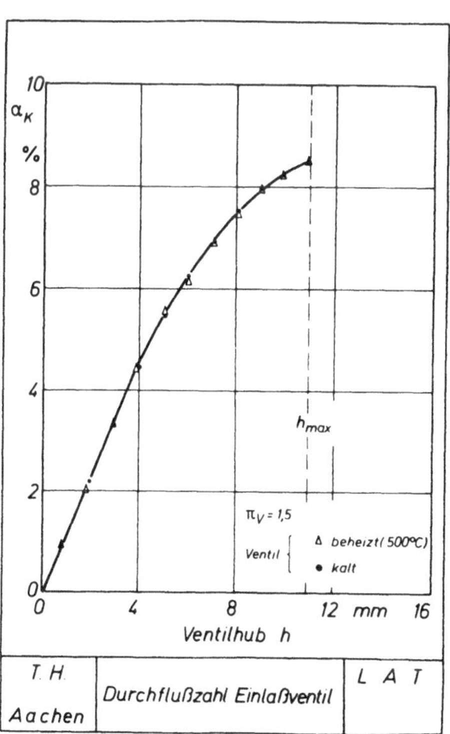

Bild 6

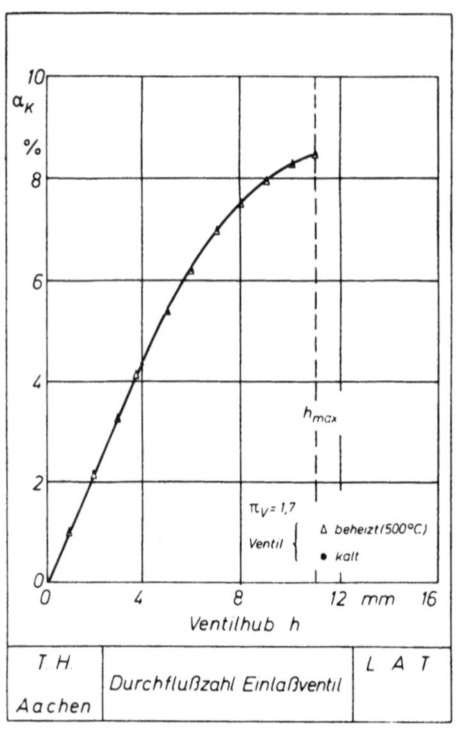

Bild 7

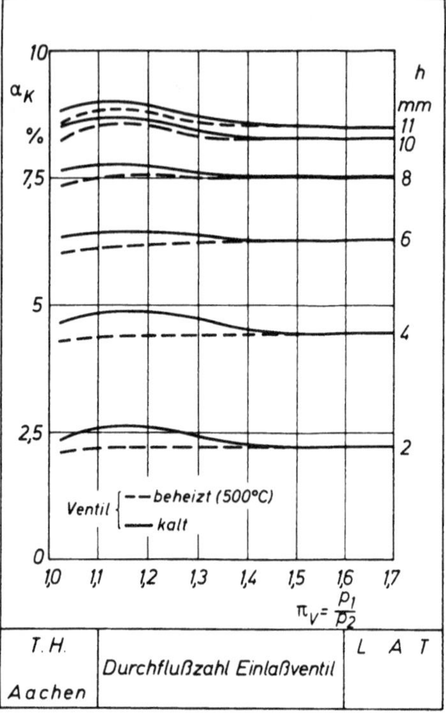

Bild 8

Unterhalb des Druckverhältnisses $\pi_V = 1{,}5$ ist jedoch eine deutliche Abhängigkeit der Durchflußzahl bei konstantem Ventilhub sowohl vom Druckniveau als auch vom Wärmeübergang vorhanden. Der absolute Unterschied zwischen kalt und warm ermittelter Durchflußzahl verringert sich mit zunehmendem Ventilhub.

7. Ladungswechselrechnung

Die Auswirkung des verringerten isentropen Ventilquerschnittes
bei beheiztem Ventil auf die Zylinderfüllung soll mit einer
Ladungswechselrechnung untersucht werden. Hierzu wird ein am
Institut für Angewandte Thermodynamik vorhandenes Ladungswech-
selprogramm verwendet. Die kalt und heiß ermittelten isentropen Ventilquerschnitte gehen dabei als Randbedingung in die
Rechnung ein.

7.1. Grundlagen zum Rechenprogramm

Die Beschreibung der Ein- und Ausströmvorgänge der Gase in
Zylinder und Abgassystem geschieht unter der Zugrundelegung
der "Füll- und Entleermethode" von Behältern /16, 17/. Das
verwendete Ersatzsystem ist in Bild 9 dargestellt. Der durch-
strömte Behälter, also der Arbeitszylinder, wird als offenes
System betrachtet. Hierbei gilt grundsätzlich die Annahme,
daß in ihm immer ein homogener Gaszustand vorliegt und keine
kinetischen Energien auftreten.

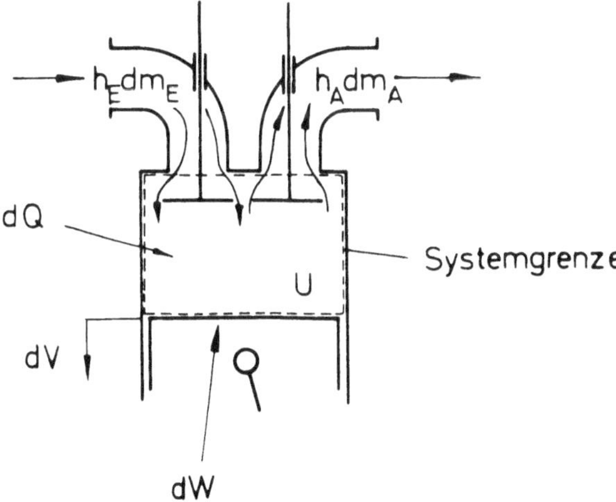

Bild 9: Schematische Darstellung des Arbeitszylinders

Zur Beschreibung des Gaswechselvorganges sind für den Zylinder
folgende Funktionen gesucht:

a) der Temperaturverlauf $\qquad T = T\ (\alpha)$

b) der Druckverlauf $\qquad p = p\ (\alpha)$

c) der Massentransport $\qquad m = m\ (\alpha)$

d) die spezifische Stoffmenge $\qquad \sigma_i = \sigma_i\ (\alpha)$

Die Aufstellung der Funktionen erfolgt durch eine Energie-
und Massenbilanz, wobei die thermische und kalorische Zustandsgleichung die Zusammenhänge zwischen den Zustandsgrößen liefern.

Die Energiebilanz für den durchströmten Zylinder lautet:

$$dU = h_E \cdot dm_E + h_A \cdot dm_A + dW + dQ \qquad (4)$$

In dieser Bilanz ist als Voraussetzung enthalten, daß die
kinetische Energie der ausgetauschten Massen durch Verwirbe-
lung schon in innere Energie umgesetzt ist.

Die Massenbilanz lautet

$$dm = dm_E + dm_A \qquad (5)$$

mit

$$dm_{E,A} = (A_s \cdot \rho_s \cdot c_s)_{E,A}\ dt$$

Für den Zylinderinhalt gilt die thermische Zustandsgleichung
für eine Mischung idealer Gase

$$pV = m \cdot RT \qquad (6)$$

und die kalorische Zustandsgleichung

$$U = m \cdot c_v \cdot T \qquad (7)$$

Für den Wärmeübergang im Zylinder wird ein von Woschni weiter-
entwickelter Ansatz von Zapf verwendet /18, 19/.

7.2. Rechenergebnisse

Der Rechnung wurden die Daten des Motors, dessen Zylindereinheit für die Durchströmversuche benutzt wurde, zugrunde gelegt. Das Hub-Bohrungsverhältnis ist s/D = 1,225 bei einem Pleuelstangenverhältnis r/l = 0,289. Die Motordrehzahl betrug n = 2400 min^{-1}. Die Rechnung erfolgte mit den isentropen Ventilquerschnitten bei dem Druckverhältnis π_V = 1,02 für einen Saugmotor. Die relative Abweichung zwischen heiß und kalt ermittelten Durchflußzahlen liegt hier in einem Bereich von ca. 3 bis 8 %. Der während der Einlaßperiode wirksame isentrope Zeitquerschnitt ist somit bei heißem Ventil um mehr als 3 % geringer. Nach Gleichung (2) müßte dies eine ebenso starke Verringerung der durch das Ventil in den Zylinder strömenden Masse bewirken, wenn ρ_S und c_S unbeeinflußt blieben.

Bild 10 zeigt das Ergebnis der Ladungswechselrechnung. Am Ende der Einlaßperiode sind die bei heißem und kaltem Ventil durch das Einlaßventil geströmten Massen m_E gleich. Ein Grund ist in dem Auftreten von Rückströmen ins Einlaßsystem zu sehen. Hierbei geht die bei UT um knapp 1 % mehr eingeströmte Masse bei kaltem Ventil wieder verloren. Sieht man davon einmal ab, so ist insgesamt der Einfluß auf die durch das Ventil eingeströmte Masse wesentlich geringer als erwartet.

Die Kurve

$$\frac{dm_E}{d\alpha} \sim \dot{m}$$

in Bild 10 gibt den Verlauf des Massenstromes durch das Einlaßventil wieder. Im mittleren Drittel ist der Massenstrom bei kaltem Ventil geringfügig größer, im letzten Drittel jedoch kleiner. Da über dem gesamten Ventilhubbereich die isentropen Querschnitte bei kaltem Ventil größer als bei warmem Ventil sind, ist dieses Verhalten nur mit einem Einfluß der treibenden Druckdifferenz an der Drosselstelle zu erklären.

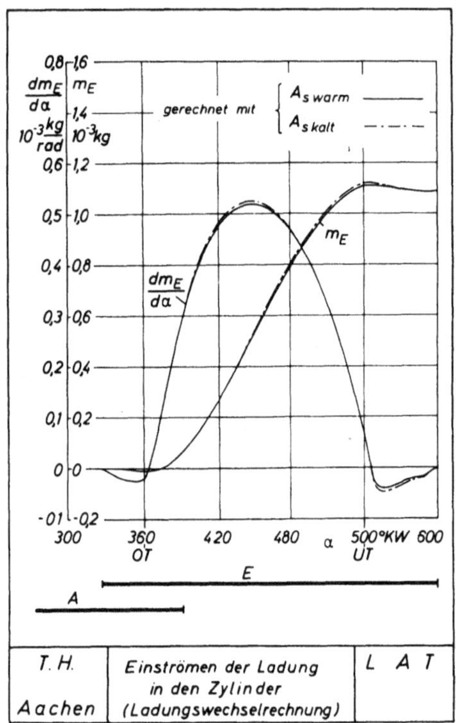

Bild 10

Die Untersuchung der Einzeleinflüsse auf die Größe der ein-
strömenden Masse geschieht anhand der Gleichung

$$\dot{m} = A_s \cdot p_1 \cdot \sqrt{\frac{2}{RT_1}} \cdot \sqrt{\frac{\kappa}{\kappa-1} \cdot \left[(\frac{p_2}{p_1})^{2/\kappa} - (\frac{p_2}{p_1})^{\frac{\kappa+1}{\kappa}} \right]}$$

Setzt man als Variable für den Druckeinfluß

$$X(p) = \sqrt{\left[(\frac{p_2}{p_1})^{2/\kappa} - (\frac{p_2}{p_1})^{\frac{\kappa+1}{\kappa}} \right]}$$

- 19 -

und die Konstante

$$k = p_1 \cdot \sqrt{\frac{2}{RT_1}} \cdot \sqrt{\frac{\kappa}{\kappa-1}}$$

so kann man schreiben

$$\dot{m} = k \cdot A_s \cdot X \, (p) \tag{8}$$

mit $p = p \, (\alpha)$
und $A_s = A_s \, (\alpha)$

Zur besseren Darstellung der Unterschiede zwischen heißem und kaltem Ventil werden die relativen Abweichungen π_X und π_A benutzt.

$$\pi_X = \frac{X_{warm} - X_{kalt}}{X_{kalt}} \tag{9}$$

$$\pi_A = \frac{A_{s\,warm} - A_{s\,kalt}}{A_{s\,kalt}} \tag{10}$$

Als Bezugsgrößen dienen die Werte bei kaltem Ventil.

Zur Bestimmung der Werte $X(p)$ wurden die mit dem Ladungswechsel-programm errechneten Drücke benutzt. Die isentropen Ventilquer-schnitte

$$A_s = \alpha_K \, A_K$$

mit

$$\alpha_K = f \, (h)$$

sind unter Benutzung der Nockenkurve auf die Abhängigkeit

$$A_s = f \, (\alpha)$$

umgerechnet. Hier ist α der Kurbelwinkel.

Bezeichnet man den bei beheiztem Ventil durch den Zylinderkopf
strömenden Massenstrom mit $\dot{m}_{warm}$ und bei kaltem Ventil mit
$\dot{m}_{kalt}$, so kann man unter Benutzung der Gleichungen (8), (9),
(10) $\dot{m}_{warm}$ schreiben als

$$\dot{m}_{warm} = \dot{m}_{kalt} \cdot (1 + \pi_A) \cdot (1 + \pi_X) \qquad (11)$$

Das Ergebnis der Untersuchungen zeigt Bild 11, wo die relativen
Abweichungen π_A und π_X in Abhängigkeit vom Kurbelwinkel α auf-
getragen sind. Die Bereiche, in denen "Rückströmen" auftritt,
werden nicht betrachtet. Die durch Wärmeübergang hervorgerufene
Verringerung der isentropen Ventilquerschnitte - π_A kleiner
Null - bewirkt aufgrund stärkerer Drosselung der Strömung eine
Erhöhung der treibenden Druckdifferenz - π_X größer Null. Die
Wirkung der den Massenstrom beeinflussenden Größen ist somit
gegenläufig. Da sie von gleicher Größenordnung sind, heben
sie sich fast auf.

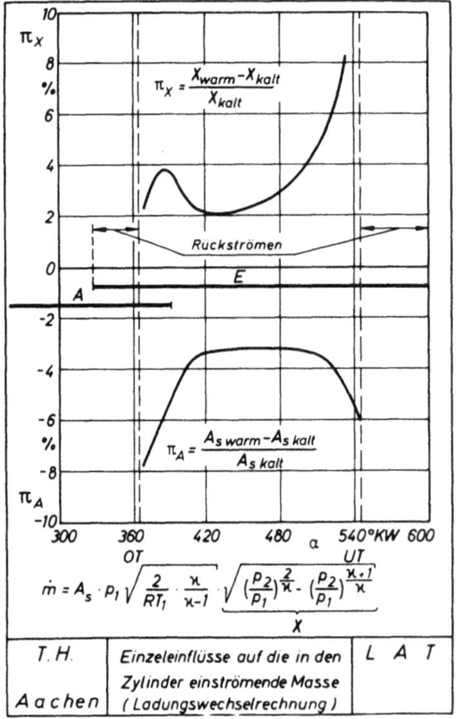

Bild 11

Die Rechnungen mit Hilfe der kalt und heiß ermittelten Durchflußzahlen als Randbedingung zeigen, daß sich aufgrund des
kleineren "heißen" Einlaßquerschnittes ein stärkerer Unterdruck im Zylinder errechnet. Dadurch wird die zu erwartende
Einbuße in der Zylinderfüllung wieder etwa ausgeglichen.

8. Zusammenfassung und Schlußfolgerungen

Eine wichtige Randbedingung für Ladungswechseluntersuchungen an
Verbrennungsmotoren ist das Durchflußverhalten der Steuerungs-
organe. Es wird charakterisiert durch die Durchflußzahl α_K, die
im allgemeinen nur bei kaltem Ventil ermittelt wird.

Im motorischen Betrieb treten an den Ventilen jedoch höhere
Temperaturen auf, so daß sich aufgrund des Wärmeüberganges
andere Durchflußverhältnisse ergeben können. Zur Schaffung
realistischer Randbedingungen für die Rechnung sollte daher
die Durchflußzahl für das heiße Ventil bestimmt werden. Dafür
wurde ein Durchströmprüfstand für einen luftgekühlten Zylinderkopf aufgebaut, an dem die Durchströmzahlen sowohl des kalten
als auch des beheizten Einlaßventils ermittelt werden können.

Die Messungen mit kaltem und auf 500 ^{O}C erhitztem Ventil
wurden bei verschiedenen Druckverhältnissen durchgeführt. Die
Ergebnisse zeigen größere Abweichungen vor allem bei den kleineren Druckverhältnissen. Insbesondere bei kleinerem Hub liegen
die bei beheiztem Ventil gemessenen Durchflußzahlen bis zu
15 % unter den bei kaltem Ventil aufgenommenen Werten. Bei
höheren Druckverhältnissen ab $\pi_V = 1,5$ konnte jedoch kein
Einfluß des Wärmeübergangs festgestellt werden.

Durch eine Ladungswechselrechnung mit den heiß und kalt ermittelten Durchflußzahlen des Einlaßventils als Randbedingung
wurde deren Einfluß auf die Größe der Zylinderladung untersucht. Für den vorliegenden Motor ergab sich trotz relativ
großer Unterschiede in den Durchflußzahlen von bis zu 8 % nur
eine Füllungsminderung von etwa 1 % bei heißem Ventil. Eine
Untersuchung der Einflußgrößen zeigte, daß die Verminderung
des Einlaßquerschnittes durch einen höheren Unterdruck im
Zylinder und damit ein größeres Druckverhältnis über das Ventil
wieder etwa ausgeglichen wird. Das untersuchte Einlaßventil
ist bereits weitgehend optimiert.

Es ist jedoch zu erwarten, daß sich bei Ventilen mit geringe-
ren relativen Querschnitten größere Füllungsminderungen ergeben.

Literaturverzeichnis

/ 1/ List, H.   Die Verbrennungskraftmaschine
                        Band 4, Teil 1
                        Der Ladungswechsel der Verbrennungskraft-
                        maschine
                        Wien, Springer-Verlag, 1949

/ 2/ Seifert, H.   Instationäre Strömungsvorgänge in Rohr-
                        leitungen an Verbrennungskraftmaschinen
                        Berlin, Springer-Verlag, 1962

/ 3/ Huber, E.W.   Beitrag zur Berechnung von Strömungs-
                        vorgängen, insbesondere von Ladungs-
                        wechselvorgängen an Verbrennungskraft-
                        maschinen unter Berücksichtigung der
                        instationären Strömung
                        VDI-Forschungsheft 462

/ 4/ Jenny, E.   Berechnungen und Modellversuche über
                        Druckwellen großer Amplituden in
                        Auspuffleitungen
                        ETH Zürich, Dissertation 1949

/ 5/ Hadlatsch, P.   Reibende Gasströmung durch Drosselstellen
                        sowie Reflexion anbrandender Druckwellen
                        mit großen Amplituden
                        Z. VDI, Bd. 95, S. 503, 1953

/ 6/ Zeller, H.   Beitrag zur eindimensionalen stationären
                        und nichtstationären Gasströmung mit
                        Reibung und Wärmeleitung, insbesondere
                        in Rohren mit unstetigen Querschnitts-
                        änderungen
                        RWTH Aachen, Dissertation 1954

/ 7/ Mayr, B.   Beitrag zur Berechnung des Ladungs-
                        wechsels an Verbrennungskraftmaschinen
                        mit besonderer Berücksichtigung der
                        instationären Strömung in Rohrleitungen
                        TU Berlin, Dissertation 1969

/ 8/ Pischinger, F.   Entwicklungsarbeiten an einem Verbren-
                        nungssystem für Fahrzeugdieselmotoren
                        ATZ Jahrg. 65, Heft 1, S. 11

/ 9/ List, H.   Untersuchungen an einem Wirbelkammer-
                        motor
                        MTZ, Heft 3, Jahrg. 4, 1942

/10/ Nußelt, W.   Der Wärmeübergang in der Verbrennungs-
                        kraftmaschine
                        Berlin, VDI-Verlag 1923

/11/ Pflaum, W.   Der Wärmeübergang bei Dieselmaschinen
                        mit und ohne Aufladung
                        J.B. d. Schiffbaut. Gesellschaft, Bd. 57,
                        S. 39, Berlin, Springer-Verlag 1960

/12/ Woschni, G.   Beitrag zum Problem des Wärmeüberganges
                      im Verbrennungsmotor
                      MTZ 26/4, S. 128, 1965

/13/ Zapf, H.   Untersuchung des Wärmeüberganges in einem
                      4-Takt-Dieselmotor während der Ansaug-
                      und Ausschubperiode
                      M.A.N.-Forschungsheft Nr. 14

/14/ Lanz, H.   Untersuchung des Einflusses des Wärme-
     Koller, Th.   übergangs auf die Durchflußbeiwerte im
                      gekühlten Zylinderkopf
                      Forschungsberichte Verbrennungskraft-
                      maschinen, Heft 160-8, 1975

/15/ Pischinger, F.   Verbrennungsmotoren
                      Vorlesungsumdruck Band I
                      RWTH Aachen, Lehrstuhl für Angewandte
                      Thermodynamik, 1974

/16/ Ryti, M.   Ein Rechenprogramm für den Ladungswechsel
                      aufgeladener Dieselmotoren
                      BBC-Mitteilungen 55 (1968), S. 429 - 439

/17/ Ryti, M.   Zur Methodik rechnerischer Ladungswechsel-
                      untersuchungen
                      MTZ 31 (1970), Nr. 3, S. 119 - 125

/18/ Zapf, H.   Beitrag zur Untersuchung des Wärmeüber-
                      gangs während des Ladungswechsels im Vier-
                      taktdieselmotor
                      MTZ 30 (1969), Nr. 12, S. 461 - 465

/19/ Woschni, G.   Die Berechnung der Wandverluste und der
                      thermischen Belastung der Bauteile von
                      Dieselmotoren
                      MTZ 31 (1970), Nr. 12, S. 491 - 499

FORSCHUNGSBERICHTE
des Landes Nordrhein-Westfalen

Herausgegeben
im Auftrage des Ministerpräsidenten Heinz Kühn
vom Minister für Wissenschaft und Forschung Johannes Rau

Die »Forschungsberichte des Landes Nordrhein-Westfalen« sind in
zwölf Fachgruppen gegliedert:

Wirtschafts- und Sozialwissenschaften
Verkehr
Energie
Medizin/Biologie
Physik/Mathematik
Chemie
Elektrotechnik/Optik
Maschinenbau/Verfahrenstechnik
Hüttenwesen/Werkstoffkunde
Metallverarb. Industrie
Bau/Steine/Erden
Textilforschung

Die Neuerscheinungen in einer Fachgruppe können im Abonnement
zum ermäßigten Serienpreis bezogen werden. Sie verpflichten sich durch
das Abonnement einer Fachgruppe nicht zur Abnahme einer
bestimmten Anzahl Neuerscheinungen, da Sie jeweils unter Einhaltung
einer Frist von 4 Wochen kündigen können.

WESTDEUTSCHER VERLAG
5090 Leverkusen 3 · Postfach 300 620

GPSR Compliance
The European Union's (EU) General Product Safety Regulation (GPSR) is a set of rules that requires consumer products to be safe and our obligations to ensure this.

If you have any concerns about our products, you can contact us on

ProductSafety@springernature.com

In case Publisher is established outside the EU, the EU authorized representative is:

Springer Nature Customer Service Center GmbH
Europaplatz 3
69115 Heidelberg, Germany

www.ingramcontent.com/pod-product-compliance
Lightning Source LLC
LaVergne TN
LVHW080443200726
843507LV00004B/920